U0163379

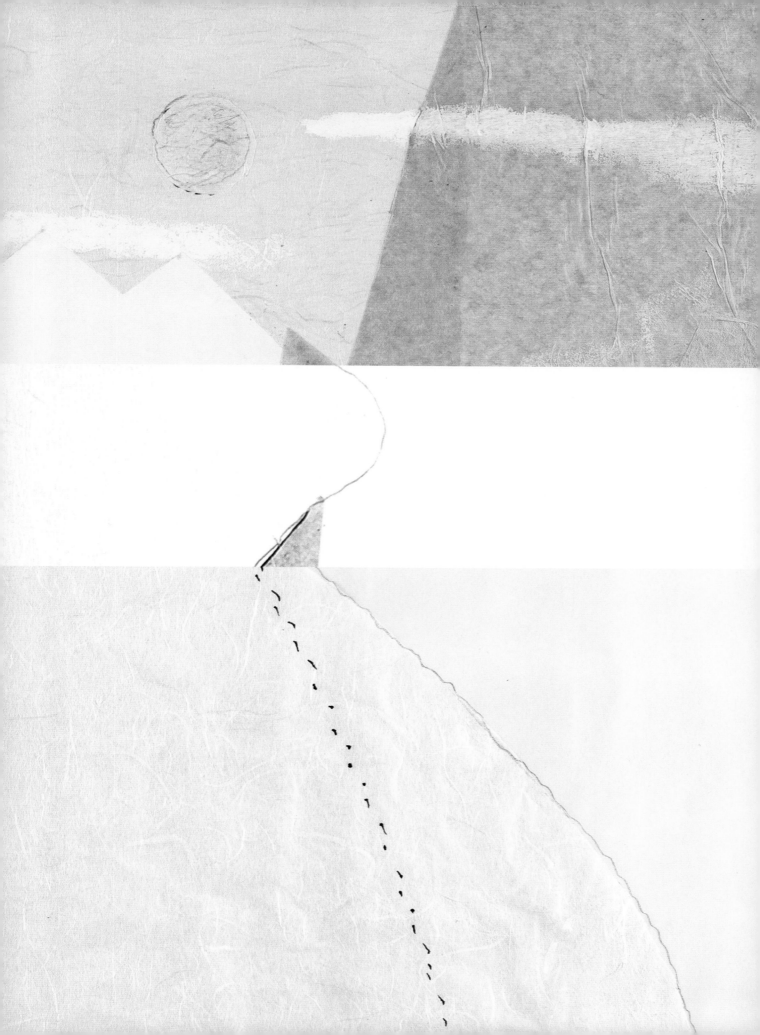

Original title: Blancs Eternels
Author: Eric Batut
© Editions de L'élan vert, 2017
Published by arrangement with Dakai – L'agence
All rights reserved

版权贸易合同登记号　图字：01-2023-1150

图书在版编目（CIP）数据

地球调色盘系列绘本. 白色雪山 / （法）艾瑞克·巴图著、绘；邢培健译. --北京：电子工业出版社，2023.6
ISBN 978-7-121-45441-7

Ⅰ.①地⋯　Ⅱ.①艾⋯②邢⋯　Ⅲ.①地球－少儿读物②雪山－少儿读物　Ⅳ.①P183-49②P941.76-49

中国国家版本馆CIP数据核字（2023）第071097号

责任编辑：董子晔
印　　刷：北京盛通印刷股份有限公司
装　　订：北京盛通印刷股份有限公司
出版发行：电子工业出版社
　　　　　北京市海淀区万寿路173信箱　邮编：100036
开　　本：889×1194　1/16　印张：10　字数：34.5千字
版　　次：2023年6月第1版
印　　次：2023年6月第1次印刷
定　　价：120.00元（全5册）

凡所购买电子工业出版社图书有缺损问题，请向购买书店调换。若书店售缺，请与本社发行部联系，联系及邮购电话：（010）88254888，88258888。
质量投诉请发邮件至zlts@phei.com.cn，盗版侵权举报请发邮件至dbqq@phei.com.cn。
本书咨询联系方式：（010）88254161转1865，dongzy@phei.com.cn。

白色雪山

[法] 艾瑞克·巴图 著/绘　邢培健 译

电子工业出版社
Publishing House of Electronics Industry
北京·BEIJING

在山谷里，沿着一个大湖边，

我们已经行走了两个小时。

前面没有路了。
还好有向导，
我们可以 **跟随他的脚步**。

高高的牧场里，奶牛在静静地吃草。

这是个美丽的季节。

看看这片草地就知道，这里产的 **奶酪** 一定很美味。

在更高的地方，
除了岩石还是岩石。
岩羊**敏捷**地从这块石头
跳到那块石头，

找寻着可以啃食的地衣。

我们抓着绳索前进。

向上攀爬真不是件容易事。

脚下的石头有时是**松动**的，

我们冒着随时会跌落的危险。

头顶上有一只雄鹰，兀自盘旋。

这间小屋

一定是很久以前就盖在这里了。

我们安顿下来，
点上火，
吃了些食物。
然后，
我们钻进
登山专用连体衣里，
将自己 紧紧裹住。

冰川上，
我们走得小心翼翼。
为了避开**宽阔**冰河上
巨大而深邃的裂缝，
我们手持冰斧，缓缓前行。

风吹得
越来越猛。
前进
变得十分艰难。
云、
雾、
风雪，
一起裹挟而来。
幸运的是，
我们有
连体衣的保护。

阳光
再一次洒向大地。

前进
我们继续前进。

除了前方的山峰，
我们心无旁骛。
也许很快
我们就可以到达
那四千米高的
顶峰。

万岁！
我们到了！

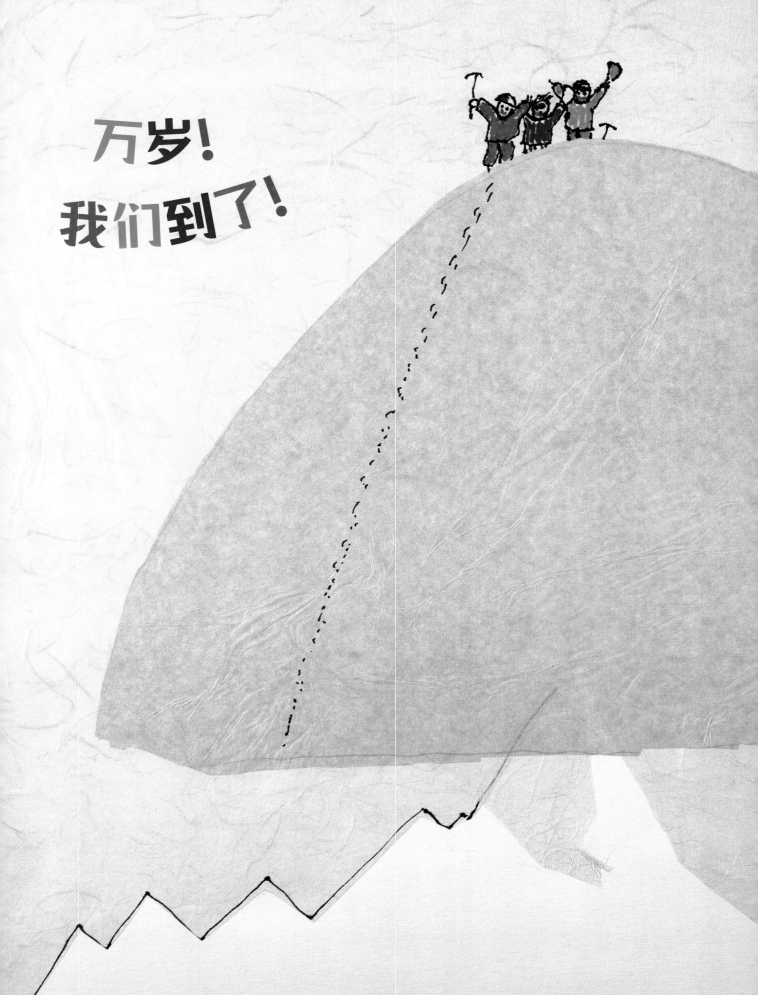

经过千辛万苦，
　我们终于登上山顶。
　　我们插上三角旗，
　　　庆祝胜利。

我们的朋友也来了。

他们是从山的另一面爬上来的。

我们实现了约定——

在**天黑**前到达这里。

我们高兴极了。

在纷飞的雪花中，我们往山下走去。
落日的余晖把雪花染成
缤纷的纸屑。
雪地**闪烁着微光**。
一切就像一场壮美的庆典！

午夜。

我们的脚印已消失不见，

仿佛我们从没来过这里。

现在，夜就像一扇巨大的拱门，

笼罩着山峰。

永不融化的积雪，

闪耀着光芒。

啊！我们的大山真美啊！

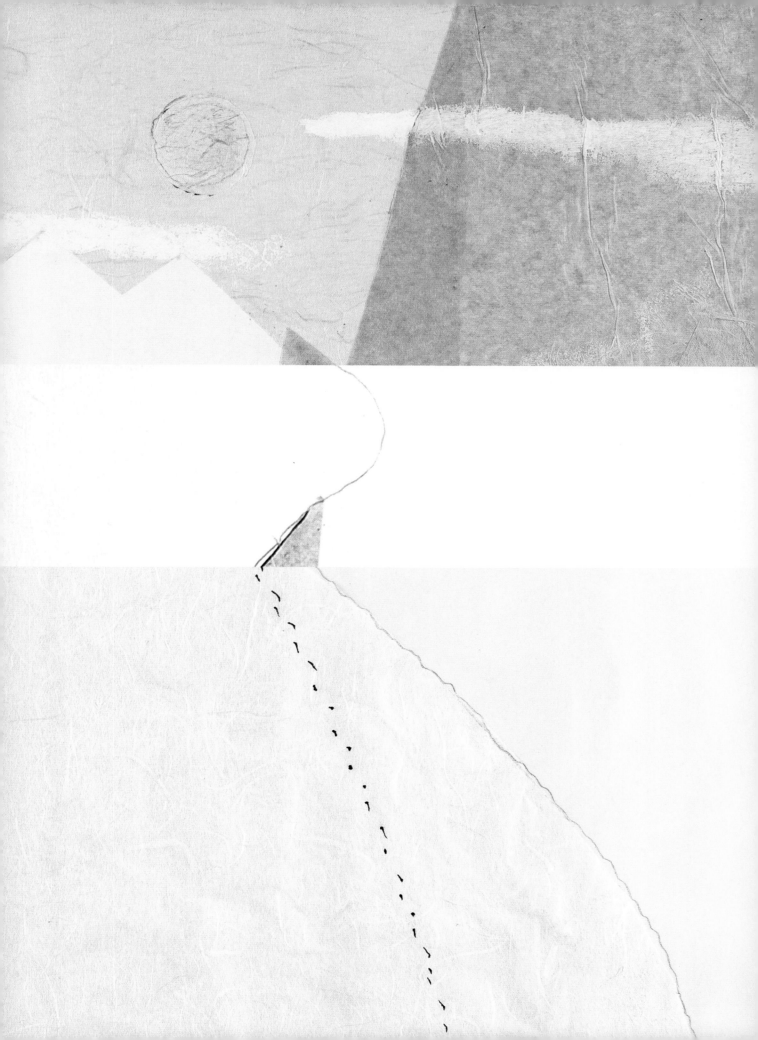